缅甸琥珀标样图册

腾冲市文化和旅游局
云南省珠宝玉石质量监督检验研究院
滇西应用技术大学珠宝学院 编

云南出版集团
云南美术出版社

图书在版编目（CIP）数据

缅甸琥珀标样图册 / 云南省珠宝玉石质量监督检验
研究院，腾冲市文化和旅游局，滇西应用技术大学珠宝学
院编. -- 昆明：云南美术出版社，2021.11
ISBN 978-7-5489-4746-2

Ⅰ. ①缅… Ⅱ. ①云… ②腾… ③滇… Ⅲ. ①琥珀－
鉴定－缅甸－图集 Ⅳ. ①TS933.23-64

中国版本图书馆CIP数据核字(2021)第234226号

出 版 人：刘大伟

责任编辑：李 林 陈铭阳 台 文

装帧设计：石 斌

责任校对：孙雨亮

缅甸琥珀标样图册

腾 冲 市 文 化 和 旅 游 局
云南省珠宝玉石质量监督检验研究院 编
滇 西 应 用 技 术 大 学 珠 宝 学 院

出版发行：云南出版集团
　　　　　云南美术出版社（昆明市环城西路 609 号）
印　　刷：昆明美林彩印包装有限公司
开　　本：787mm×1092mm 1/20
字　　数：150 千
印　　张：7.2
版　　次：2021 年 11 月第 1 版
印　　次：2021 年 12 月第 1 次印刷
ISBN 978-7-5489-4746-2
定　　价：198.00 元

出品单位

云南省珠宝玉石质量监督检验研究院

腾冲市文化和旅游局

滇西应用技术大学珠宝学院

腾冲市琥珀协会

腾冲市琥珀博物馆

总策划

张绍旺　张　雷

主　编

陈艾兴

副主编

谢　喆　杨志强　郑晓华

编　委

李雪筠　范舒云　龙济存　李　贺　赵建华
王剑丽　黄俊文　甘清波　李　悠　谢永进
白　莹　张一骋　李自春　赵德旭　孔元元

样品提供

（按姓氏笔画排序）

马关琦　马珊珊　古仲成　李自春　陈　光
陈添平　张　勇　宋泽伟　林　汇　周　波
赵德旭　胡鑫宇　普士源　董晓莹　董迎花
詹广川

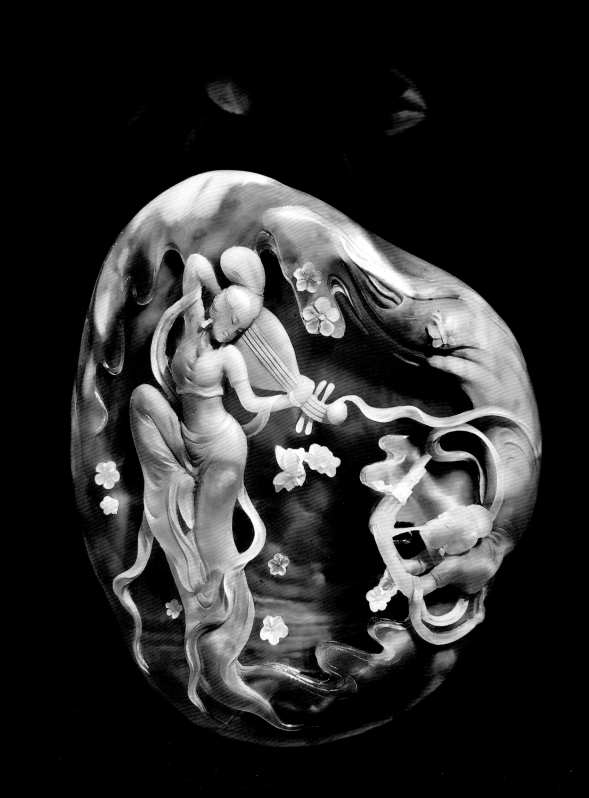

序

　　缅甸琥珀是世界上最著名的白垩纪琥珀，蕴藏着目前已知最丰富的白垩纪生物群。作为1亿多年形成的一种"树脂化石"，产地、规格、颜色、透明度、包体、稀缺品种、加工工艺等都影响着琥珀的质量等级分类，在市场交易中对琥珀进行分类评价，进而对其价值进行评估一直以来是业界的一个难题。

　　由于特定的区位优势，腾冲历史上一直是缅甸琥珀加工、贸易的集散地。据史书记载，腾冲先民加工和使用琥珀有近千年的历史，繁盛已达百年。20世纪40年代由李根源主持编纂的《永昌府文征》中就将缅甸琥珀进行过初步分类。2005年以来，随着在腾冲经营和加工缅甸琥珀的人越来越多，腾冲再度成为世界上缅甸琥珀的重要集散地，但整个市场却缺少一个科学规范的标准，一定程度上成为制约琥珀市场健康发展的因素之一。2018年腾冲市文产办委托云南省珠宝玉石质量监督检验研究院制定了《缅甸琥珀》云南省地方标准（DB53/T 872—2018），明确了缅甸琥珀的定义、分类，确定其质量指标。其对科学指导缅甸琥珀的质量检测，规范缅甸琥珀的市场秩序，维护消费者的合法权益起到了重要作用，得到各级政府及相关部门的充分肯定，同时受到琥珀经营、加工、销售及消费等各环节的认可。

　　为了更好地解决在评价过程中的人为误差，使评价结果更加科学、规范，让"标准"有"实物标样"，形成更加完整的体系，经腾冲市文化和旅游局、滇西应用技术大学珠宝学院、腾冲市琥珀协会、腾冲市琥珀博物馆共同研究，决定由云南省珠宝玉石质量监督检验研究院在《缅甸琥珀》云南省地方标准基础上，根据目前腾冲市场上普遍存在的缅甸琥珀进行检索和筛选，找出具有典型特征，并能代表影响质量等级和各个要素的缅甸琥珀样品具体分析，选取了近100个样品，360多张具有代表性的缅甸琥珀样品图片，以详细的文字、精美的图片及清晰的视频，编辑出版地方标准所对应的《缅甸琥珀》彩色标样图册。

　　本书作为"标样图册"，是一本入门型的工具书，其编辑出版有利于进一步加强《缅甸琥珀》云南省地方标准（DB53/T 872—2018）的宣传及贯彻实施，让从业人员及琥珀爱好者在《缅甸琥珀》地方标准的文字基础上深入了解缅甸琥珀的种类、颜色、特性，对促进琥珀产业的健康发展起到积极推进作用。同时书中收录了大量珍品、奇品及雕刻获奖作品图片，不仅可以成为琥珀行业从业人员、珠宝玉石爱好者及消费者认知、欣赏、研究和选购缅甸琥珀的重要参考资料，也可以作为高校珠宝专业培训参考教材，同时还可以作为缅甸琥珀鉴赏图册使用和收藏。

　　鉴于缅甸琥珀品种较多，质量等级具有一定的复杂性，"实物标样"及"标样图册"也在不断地实践、探索中，本书难免会出现一些不足之处，恳请业界专家学者提出宝贵意见和建议，以便我们再版时进一步完善。

目录

琥珀简介 // 001

世界琥珀产地介绍 // 003

腾冲琥珀产业的发展历史 // 007

云南省地方标准·缅甸琥珀 // 010

缅甸琥珀分类图鉴 // 021

棕珀系 // 022

金珀系 // 036

血珀系 // 044

茶珀系 // 056

根珀类 // 072

密蜡类 // 080

物相珀类 // 088

缅甸琥珀精品鉴赏 // 099

琥珀简介

琥珀是距今4500万至9900万年前的松柏科、豆科、南洋杉科等植物的树脂滴落，掩埋在地下千万年，在压力和热力的作用下石化形成的，故又被称为"树脂化石"。并不是所有的树脂都能叫作琥珀，而是必须年代久远、石化程度高的树脂才能叫作琥珀。因而像地质年代很新、半石化的硬树脂、未经历过地质作用的树脂以及地质年代在约100万年左右未经石化的柯巴树脂等，都不能称作"琥珀"。琥珀的形状多种多样，表面常保留着当初树脂流动时产生的纹路，内部经常可见气泡及古老昆虫、动物或植物碎屑。

琥珀的形成一般有三个阶段，第一阶段是树脂从树上分泌出来；第二阶段是树脂被深埋，并发生了石化作用，树脂的成分、结构和特征都发生了明显的变化；第三阶段是石化树脂被冲刷、搬运、沉积和发生成岩作用从而形成了琥珀。

琥珀是碳氢化合物，含有琥珀酸、琥珀脂醇和琥珀油，它是非晶体矿物，常以结核状、瘤状、小滴状等产出，有的如树木的年轮，呈放射纹理。琥珀的硬度低，质地轻，触感温润，有宝石般的光泽与晶莹度。琥珀还是已知宝石中最轻的品种，在饱和盐水中可以悬浮。琥珀的另一个特征是含有特别丰富的内含物，如昆虫、植物、矿物等，这些内含物丰富的琥珀是研究地质年龄、远古生态环境的珍贵标本，具有很高的科研价值。

琥珀的材料属性

一、琥珀化学成分

化学成分（$C_{10}H_{16}O$），含少量的硫化氢。主要化学元素含量为：W（C）=75%~85%；W（H）=9%~12%；W（O）=2.5%~7%;W（S）=0.25%~0.35%；微量元素主要有Al、Mg、Ca、Si、Cu、Fe、Mn等元素。

琥珀含有琥珀酸和琥珀脂醇等有机物，不同琥珀的组成有一定的差异，主要有机物的组成为：琥珀脂酸质量分数69.47%~87.3%；琥珀松香酸10.4%~14.93%；琥珀脂醇1.2%~8.3%；琥珀酸盐4.0%~4.6%；琥珀油1.6%~5.76%。

二、琥珀的宝石学性质

（1）颜色：黄色、蜜黄色、黄棕色、棕色、浅红棕色、淡红、淡绿、褐色等。

（2）透明度和光泽：透明—微透明，树脂光泽。

（3）光性特征：均质体，常见由应力产生的异常消光和干涉色。

（4）折射率：点测法常为1.54。琥珀受热或长时间放置在空气中，表面因氧化而颜色变深，同时折射率也会变大。

（5）荧光观察：长波，弱到强，蓝、蓝白、蓝紫、黄绿、橙黄色荧光；短波，弱至无荧光。

（6）紫外可见光谱：不特征。

（7）摩式硬度：2~2.5。

（8）解理：无。

（9）密度：1.08（+0.20，−0.12）g/cm^3。

（10）多色性：无。

（11）放大检查：气泡、流动纹、点状包体、矿物包体、昆虫包体、动（植）物包体（或碎片），其他有机和无机包体。

（12）红外吸收光谱：中红外区具有机物中官能团（基团）震动所致的特征红外吸收谱带。

世界琥珀产地介绍

琥珀作为一种古老的宝石，在世界上分布很广泛，琥珀的产地按片区划分，主要分布在欧洲、美洲和亚洲。

欧　洲

波罗的海琥珀

欧洲波罗的海沿岸的丹麦、俄罗斯、波兰、乌克兰、德国等国家出产大量优质琥珀。波罗的海琥珀产量非常大，约占世界琥珀产量的80%以上，其中以蜜蜡居多。

波罗的海琥珀形成于约3500万年前，由松科类植物的树脂石化形成。因波罗的海琥珀中的琥珀酸含量较高（琥珀酸是来源于松属植物的树脂），故经摩擦或者高温会有松香味。波罗的海琥珀在形成的过程中，因为长期处于海水之中，很少受地壳变迁、火山喷发等因素的影响，而且海水温度不高，几乎没有日照，海洋中含有大量的盐，这样的环境，会抑制化学反应的发生，所以波罗的海琥珀当中的矿物质发生化学变化的概率不大，而且波罗的海琥珀形成时间相对短，颜色比较单一。

波罗的海琥珀通常以透明度来划分种类：透明的叫金珀，不透明的叫蜜蜡，蜜蜡中可分为金绞蜜、白蜜、新蜜（也就是柠檬黄）、鸡油黄。

美　洲

1. 多米尼加琥珀

多米尼加琥珀形成于约2500万年至3000万年前。是由一种学名为Hymenaea protera的角豆树（algarrobo）的树脂产生的，因含有特有的碳氢化合物，多米尼加琥珀具有一种芳香的味道，有黄色、绿色和蓝色，以蓝色最为珍贵。多米尼加蓝琥珀颜色艳丽，在白光下就能呈现紫蓝色光彩，这是其他产地琥珀所没有的。

2. 墨西哥琥珀

墨西哥琥珀属于矿珀，形成于约2500万年前。和多米尼加琥珀同宗同源，色彩晶莹剔透，产自墨西哥的东南部恰帕斯州。墨西哥琥珀主要分为金珀和绿珀。跟多米尼加琥珀一样，墨西哥琥珀也是由Hymenaea protera 的豆科古植物的树脂形成，在阳光照射下生起的热聚合作用产生芳香族多循环群碳氢化合物，故大多数也呈蓝色，且有芳香气味。虽然墨西哥琥珀与多米尼加琥珀极为相似，但由于两地的地质结构不同，其所出产的琥珀的蓝色幻彩也就不同。多米尼加火山众多，蓝珀矿体中常伴有火山灰，形成过程中如果受到熔岩挤压，则会出现明显的龟裂纹。而墨西哥蓝珀的矿体没有明显的龟裂纹，特点是砂皮薄，只有几毫米厚，轻轻一剥就能看到琥珀内部。两者原矿在外形区别不大，但其内部的蓝色的幻彩却有明显不同。墨西哥蓝珀偏向于蓝绿色，而多米尼加蓝珀则为天空蓝。

亚　洲

1. 中国抚顺琥珀

抚顺琥珀，产于中国辽宁省抚顺西露天煤矿，属于矿珀。是中国宝石级琥珀和昆虫琥珀的唯一产地。

抚顺琥珀以"色彩丰富低调、光泽明亮柔和、质地细腻温润"闻名于世，是世界上较为珍贵的琥珀品种。抚顺琥珀产自距今6000万年左右的第三纪矿藏沉积时期，质地温润、颜色丰富并内含动植物包裹体，又以昆虫包裹最为常见。抚顺琥珀主要分为：

（1）水料（包括金珀、血珀、明珀、棕珀）；

（2）花料（包括象牙白花、黄花、黑花和水骨花、蜜蜡）；

（3）彩料（包括生物、植物、水胆、肖形珀）；

（4）黑料（包括翳珀、杂质珀、大黑珀）；

（4）伴生料（包括煤伴生珀、矸石伴生珀和线珀）等五大类19个常见品种。

抚顺琥珀有以下几大特点：

（1）原料具有独有的碳质物外皮。抚顺琥珀出产于抚顺露天煤矿古城子组煤层或煤层顶底板的煤矸石中，因此，原料产出时外表包裹着薄薄的煤皮，这使得抚顺琥珀与其他任何产地琥珀都有明显区别。

（2）产品具有特殊油性和光泽。抚顺琥珀的赋存矿体煤炭和油母页岩都具有较大的油性，因此其自身也有油性丰富的特点。

（3）原料和产品具有独特的蓝白、蓝紫色荧光。琥珀在365nm紫外灯下会呈现一定程度的不同颜色的荧光，而抚顺琥珀却有着区别于其他琥珀荧光的独特蓝白、蓝紫色荧光。这种荧光不但观察起来充满神奇美感，还能够辅助鉴别琥珀真假及产地。

2. 缅甸琥珀

缅甸琥珀产于缅甸北部和印度交界的沼泽地带，主要分布于人迹罕至的缅甸克钦邦密支那德乃地区，属于矿珀。英文名Burmite，是唯一享有独立名字殊荣的琥珀，它的神秘源自矿藏的稀有及鲜为人知，至今仅有缅甸北部少数几个地方出产。缅甸琥珀形成于8000万至1.3亿年前，正值白垩纪中晚期，被子植物开始进化，昆虫繁衍活跃。所以缅甸琥珀中包裹的动植物都是远古生物，具有极高的收藏价值和科研价值。

缅甸琥珀是现今已发现的硬度最高的琥珀，约为摩氏硬度2.5~3之间，和其他产地琥珀相比，更耐磨、不易被划伤，同时也是世界上种类最多、颜色最丰富的琥珀。

关于缅甸琥珀，古代文献多有记载，《永昌府文征》上做过详细分类：红色并且透明晶莹的叫西珀；稍微混浊一点，上有浮光，呈微蓝色叫粉皮，时间长了失去光泽，叫南珀。从颜色上又分了很多种类，纯黄而坚润者为蜡珀；浅黄皱纹叫蜜珀；水黄而细腻润滑的叫鹅油珀；红中透黄的叫明珀；香气扑鼻的叫香珀；内有蜂、蚊等物或松枝、竹叶、水珠的叫物相珀；黑如纯漆而泛紫红色的叫翳珀；火红色叫火珀，杏黄色叫杏珀，此外还有血珀、花珀等等。有一种被当地人称为珀根的，志书上称："能引茶色，黑白花杂，间有明暗相缠，明处真同琥珀独有之深浅黄色"。

缅甸琥珀很早就出现在典籍和医书里，《后汉书》记载"哀牢国出铜、铁、铅、锡……尤多珍奇宝物和黄金、光珠、琥珀、翡翠、水晶、玛瑙……并有孔雀、犀、象等奇珍异兽。"《山海经》中也记载"南山经之首约鹊山，其首约招摇之山，临于西海之上……丽麂之水出焉，而溪流注于海，之中多育沛，佩之无瑕疾。"这里的育沛就是琥珀，而书中描述的地理位置就是缅甸北部和云南西部，"丽水"指的就是伊洛瓦底江，缅甸第一大河，古代称为"大金沙江"或"丽水"。北宋朱丹溪的《本草义补遗》中最早记载了缅甸琥珀的药用价值，写道："琥珀属阳，今吉方为利小便，以燥脾土有功，脾能运化，肺气下降，故小便可通，若血少不利者，反制其燥结之苦。"南北朝刘宋的《雷公炮炙论》、南北朝陶弘景所著的《名医别录》《大明一统志》《华阳国志》《蛮书》《徐霞客游记》等众多古籍中也都对琥珀的药用价值和装饰价值进行了讲解和分析。

现代对于缅甸琥珀有更深层次的理解，除了它的装饰价值外，还把它的保健价值和药用价值发挥出来。缅甸琥珀枕头、缅甸琥珀茶叶、缅甸琥珀唇膏等产品的开发，极大地丰富了琥珀市场，同时把琥珀的边角料运用起来，延伸了琥珀的产业链。

腾冲琥珀产业的发展历史

　　缅甸琥珀是距今8000万至1.3亿年前的松柏科、豆科、南洋松科等植物分泌的树脂，埋藏于地下，经过长达数千年的地质变化过程，最终石化而成的一种"树脂化石"。缅甸琥珀是世界上最著名的白垩纪琥珀，产自缅甸北部胡康河谷，由于特殊的地理位置，腾冲与缅甸琥珀结下了深厚情缘。

　　南朝范晔编撰的《后汉书·西南夷传》中，有哀牢出虎魄（即琥珀）一说。唐朝樊绰著的《蛮书》（卷七 云南管内产物）载："琥珀，永昌城界西去十八日程琥珀山掘之，去松林甚远。"描述的正是保山往西经腾冲到缅甸开采琥珀的情况。从腾冲来凤山火葬墓中出土的琥珀随葬品可证实，早在唐宋时期腾冲先民就有使用琥珀器物的历史。明末地理学家徐霞客著的《徐霞客游记》（滇游日记）载："二十五日晓霁。崔君来候余餐，与之同入市，买琥珀绿虫。"记述了腾冲缅甸琥珀交易的情况。近代，腾冲商人借鉴翡翠加工经验开始了对琥珀的加工。《民国腾冲县志稿》记载了民国时期的琥珀雕刻大师杨春霖、毛应德、赵连海等开设的琥珀加工工厂及销售琥珀的情况。1939年英军驻缅家属美特福夫人(Beatrix Metford)所著的《中缅之交》中记述了到大洞（现为腾冲大董）的杨姓富商家中参观的情景："其人设肆，遍于滇省诸大城邑，更远及缅甸各都会，而终于印度加尔各答"。介绍腾冲："腾越平原有村名大洞，数百年来即以善琢琥珀著称。"盛赞当时的腾冲琥珀雕刻匠人："其人盖兼美术家、雕刻家，全凭想象，不借模型，自能成器"。《永昌府文征》中将缅甸琥珀分为西珀、南珀、蜡珀、红松脂珀、蜜珀、金珀、物象珀等种类。各种文献资料不但佐证了腾冲作为缅甸琥珀重要集散地的悠久历史，还根据缅甸琥珀的外观特征，对其进行了分类。

改革开放后，腾冲琥珀产业再次兴起，2005年腾冲开设了专业经营缅甸琥珀的商店——"荣宝阁"，此后昆明、大理、辽宁、江西、湖南、福建等地客商云集于腾冲，2012年琥珀产业逐步形成市场规模，至今逐渐形成了集毛料交易、成品加工及销售为一体的，世界最大的缅甸琥珀批发集散中心。2016年1月腾冲成立了国内第一个地方性琥珀协会，2017年9月，中国轻工业联合会、中国轻工珠宝首饰中心在北京人民大会堂联合授予腾冲市"中国琥珀之城"称号，2019年12月，中国轻工业联合会、中国轻工业珠宝首饰中心又授予腾冲"中国琥珀之都"称号。

随着消费市场、旅游业态变化及互联网的发展，腾冲政府通过"理顺进口、规范市场、提升加工、铸造品牌、扩大宣传"等一系列举措，采取"实体+基地+互联网+文化体验+N"的发展模式，加大对琥珀产业发展扶持，提升腾冲"中国琥珀之都"品牌价值和产业规模，推动琥珀产业的规范化、聚集化、品牌化发展。

琥珀作为历史悠久的有机宝石，深厚的历史文化底蕴及文化色彩使其具有良好的市场发展潜力，未来腾冲琥珀产业将与翡翠产业一道成为腾冲经济发展的重要产业之一，为腾冲建设"世界文化旅游名城"发挥积极作用。

云南省地方标准·缅甸琥珀

ICS 39.060
Y 88
中华人民共和国国家质量监督
检验检疫总局备案号：58163-2018

DB53

云 南 省 地 方 标 准

DB 53/ T 872—2018

缅甸琥珀

2018－03－01 发布   2018－06－01 实施

云南省质量技术监督局   发 布

前言

本标准按照GB/T1.1—2009《标准化工作导则第1部分：标准的结构和编写》给出的规则起草。本标准由云南省珠宝玉石质量监督检验研究院提出。本标准由云南省珠宝首饰标准化技术委员会归口（YNTC03）。本标准起草单位：云南省珠宝玉石质量监督检验研究院、腾冲市文产办、腾冲市琥珀协会、中国轻工珠宝首饰中心。本标准起草人：李贺、周忻、吴云海、邓昆、陈艾兴、陈光、王宗铨、李剑、邵家敏、洪恭良、李自春、赵德旭、江能健、吴越申。

1. 范围

本标准规定了缅甸琥珀的术语和定义、鉴定方法、鉴定标准、分类及检验证书。本标准适用于缅甸琥珀的原料及成品。

2. 规范性引用文件

下列文件对于本文件的应用是必不可少的。凡是注日期的引用文件，仅所注日期的版本适用于本文 件。凡是不注日期的引用文件，其最新版本（包括所有的修改单）适用于本文件。

GB/T 16553　珠宝玉石　鉴定

3. 术语和定义

下列术语和定义适用于本文件。

3.1 缅甸琥珀

缅甸琥珀：英文名称为burmite，主产于缅甸北部，由白垩纪水杉科植物树脂经地下沉积、聚合等一系列地质活动，石化后形成的一种天然树脂类化石，属矿生；化学成分为$C_{10}H_{16}O$（树脂酸）的非晶质体，含少量的琥珀脂醇、琥珀油等物质，可含硫化氢（H_2S）及其他微量元素，伴生方解石（$CaCO_3$）、黄铁矿（FeS_2）等矿物；常见棕色、黄色、褐色、橙色、红色、紫色、黑色、灰色、绿色、蓝色、白色等，具树脂光泽，摩氏硬度2~3，常见流淌纹、气泡、昆虫或动植物及碎片，其他有机物和无机包体，可见机油光、留光等特殊光学现象的质地细腻温润的天然有机宝石。

3.2 流淌纹
缅甸琥珀中流动状、云雾状的纹路。

3.3 自然色
缅甸琥珀在自然光照射下，在白色背景上呈现的颜色。

3.4 透光色
缅甸琥珀在自然光透射下呈现的颜色。

3.5 冰裂纹
缅甸琥珀表面形成的龟裂状纹路。

3.6 净水
缅甸琥珀内部干净，肉眼观察不见杂质、气泡、流淌纹等特征。

3.7 机油光
在自然光线照射下，处于深色背景上的缅甸琥珀，随照射光线角度、强度的变化而出现颜色变化的光学现象，颜色多表现为蓝、绿、紫等。

3.8 留光
黑暗的环境中，被强光照射过的缅甸琥珀，光源消失后，被照射过的位置在短时间内出现光影的光学现象，属于磷光。

4. 鉴定方法

4.1 肉眼观察

4.1.1 方法原理
通过肉眼观察的方法来确定，包括颜色、形状、光泽、特殊光学效应以及某些内、外部特征。

4.1.2 观察步骤
在检测时，借助自然光线或人工光源照明，按如下顺序进行肉眼观察：
a.颜色、形状、光泽、特殊光学现象（白色/深色背景下）；

b. 其他明显的内、外部特征。

4.1.3 结果表示

根据肉眼观察直接描述：

a. 描述颜色时，直接用组成白光的光谱色或其混合色及白色、黑色、无色来描述。常以主色在后，辅色在前，如：黄绿色、绿黄色等。必要时在颜色前加上深浅及明暗程度的描述，如：浅黄绿色，浅黄 色、暗黄色等；

b. 描述形状时，根据外形直接描述；

c. 其他明显的内、外部特征。

4.2 仪器检测

仪器检测主要内容为放大检查、折射率、光性特征、荧光观察、质量、密度、红外光谱分析、紫外 可见光谱分析、摩氏硬度测试、激光拉曼光谱分析、成分分析等，其方法应符合GB/T 16553的要求。

4.3 鉴定项目和选择原则

4.3.1 鉴定项目

鉴定项目主要包括：

a. 外观描述（颜色、形状、光泽等）；

b. 质量或总质量；

c. 放大检查；

d. 密度；

e. 光性特征；

f. 折射率；

g. 荧光观察；

h. 红外光谱；

i. 紫外可见光谱；

j. 摩氏硬度（必要时）；

k. 其他的检测方法（必要时）；

l. 特殊光学效应和特殊性质（必要时）；

m. 特殊光学现象（必要时）；

4.3.2 选择原则

4.3.2.1 （4.3.1中的a～i）为缅甸琥珀检测过程中需要鉴定的项目，综合判断各鉴定项目的结果，以确保鉴定结论的准确性。

4.3.2.2 （4.3.1中的j～m）不是缅甸琥珀检测过程中必须鉴定的项目，但在无法获得足够的鉴定依据时，须采用这些鉴定方法来确定。

4.3.2.3 因样品条件不符，无法检测时，某些鉴定项目可不测，但其他鉴定项目所测结果的综合证据，应足以证明所得鉴定结论的准确性。

5. 鉴定标准

5.1 材料名称

缅甸琥珀

5.2 材料性质

化学成分：$C_{10}H_{16}O$，可含H_2S、$CaCO_3$、FeS_2等矿物及其他微量元素；

结晶状态：非晶质体；

常见颜色：棕色、黄色、褐色、橙色、红色、紫色、黑色、灰色、绿色、蓝色、白色等；光 泽：树脂光泽；

解理：无；

摩氏硬度：2~3；

密 度：1.08（+0.02～–0.12）g/cm^3；

光性特征：均质体，常见由应力产生的异常消光和干涉色；

多色性：无；

折射率：点测法常为1.54。琥珀受热或长时间放置在空气中，表面因氧化而颜色变深，同时折射 率值也会变大；

荧光观察：弱至强，黄绿色至橙黄色、白色、蓝白或蓝色、粉紫或粉蓝色；

紫外可见光谱：不特征；放大检查：气泡，流淌纹，冰裂纹，昆虫或动植物及碎片，其他有机物和无机包体；

红外光谱：2927cm^{-1}、2868cm^{-1}、2850cm^{-1}、1720cm^{-1}、1695cm^{-1}、1458cm^{-1}、1377cm^{-1}、1227cm^{-1}、1130cm^{-1}、1154cm^{-1}、1033cm^{-1}、1097cm^{-1}、1178cm^{-1}附近特征吸收峰，其中1227cm^{-1}可作为缅甸琥珀特征红外峰；

特殊性质：热针接触可熔化，有芳香味；

特殊光学现象：机油光、留光；

附加说明：

棕珀：	自然色、透光色呈棕黄、棕褐、棕红、红、红褐、褐、黑褐色；有明显流淌纹；紫外荧光强，呈灰绿、浅蓝、深蓝、蓝白色；透明—半透明。
金珀：	自然色、透光色呈金黄、桔黄色、金绿色；无流淌纹或紫外光下可见轻微的流淌纹；紫外荧光强，呈蓝绿、浅蓝、深蓝、蓝白、紫蓝、粉红、紫红色；透明。
血珀：	自然色、透光色呈桔红、鲜红、深红、暗红色；无流淌纹或紫外光下可见轻微的流淌纹、冰裂纹；紫外荧光弱至强，呈灰绿、蓝绿、浅蓝、深蓝、蓝白色，通常呈现两种或者多种不同颜色的色块状；包裹体原矿呈黄色；成品可见风化纹；透明。
茶珀：	自然色、透光色呈深浅不一的褐红、褐绿、褐黄、褐紫色；无流淌纹或紫外光下可见轻微的流淌纹；紫外荧光强，呈蓝绿、深蓝、蓝白色，也可见蓝紫、粉紫色；有明显机油光；可见留光现象；透明。
根珀：	自然色呈深棕、浅黄、白、黑褐、黑、咖啡、灰、灰绿等两种或多种颜色交织，偶见单一颜色；包裹体可含方解石、黄铁矿或者其他矿物伴生；紫外荧光弱或者无，呈浅黄、桔黄、浅蓝、蓝白色；不透明。
蜜蜡：	自然色呈浅黄、深黄、浅褐、白、灰、灰绿、灰蓝，多为两种或者多种颜色交织在一起，少见单一颜色；可见流淌纹；紫外荧光强、中、弱均可出现，呈蓝绿、浅蓝、灰蓝、深蓝、蓝白色；半透明—微透明；质地细腻，放大检查可见颗粒状现象。
物相珀：	包含有动植物遗体及其碎片、水胆等特殊包裹体或结构的琥珀。可包含有植物珀、虫珀、水胆珀。

5.3 优化处理

5.3.1 优化

热处理：可附加压处理，加深琥珀表面颜色；或使琥珀内部产生片状裂纹，通常称为"睡莲叶"或"太阳光芒"；或使琥珀透明度发生变化；

无色覆膜：增强琥珀表面光泽和耐磨性。放大检查可见表面光泽异常，局部可见覆膜脱落现象，折射率可见异常；红外光谱和拉曼光谱测试可见膜层特征峰。

压固处理：分层琥珀原石压固变致密，放大检查可见流动纹状红褐色纹，多保留有原始表皮及孔洞 可与再造琥珀相区别。

5.3.2 处理

染色处理：放大检查可见颜色分布不均匀，多种裂隙间或表面凹陷处富集；长、短波紫外光下，染料可引起特殊荧光；经丙酮或无水乙醇等溶剂擦拭可掉色。

DB53/T 872—2018 有色覆膜：放大检查可见表面光泽异常，覆有色膜者颜色分布不均匀，多在裂隙间或表面凹陷处富集；局部可见覆膜脱落现象，有色膜层与主体琥珀之间无颜色过渡；折射率可见异常；红外光谱和拉曼光谱测试可见膜层特征峰。

加温加压改色处理：多次加温加压处理，可使琥珀颜色发生变化，呈绿色或其他稀少的颜色。

充填：放大检查可见充填部分表面光泽与主体宝石有差异，充填处可见气泡；长、短波紫外光下，充填部分荧光多与主体宝石有差异；红外光谱测试可见充填物特征红外吸收谱带；发光图像分析(如紫外荧光观察仪等）可观察充填物分布状态。

辐照处理：经辐照可变为橙红等色，不易检测。

6. 分类

缅甸琥珀的分类详见附录A。

7. 检验证书

7.1 基本内容

检验证书应包含以下基本内容：

a. 证书编号；

b. 检验结论；

c. 质量；

d. 光性特征；

e. 折射率；

f. 放大检查；

g. 实物照片；

h. 备注；

i. 检验、审核及批准人员；

j. 签章；

k. 检验依据；

l. 实验室资质认定(CMA'CAL）和/或实验室认可(CNAS）。

7.2 可选内容

规格、外观特征(颜色、形状及分布特点等）描述、密度、摩氏硬度、荧光观察、紫外可见光谱、 红外光谱、激光拉曼光谱、成分分析、特殊光学现象和特殊性质等。

7.3 其他

凡经过5.3优化处理的缅甸琥珀不出具检验证书，必要时应出具检验报告。

附录A
（规范性附录）
缅甸琥珀分类

A.1 分类原则

以缅甸琥珀在自然色和透光色呈现的颜色、内部结构构造或包含物进行系列的分类。

A.2 分类系列

根据分类原则将缅甸琥珀分为棕珀类、金珀类、血珀类、茶珀类、根珀类、蜜蜡类、物相珀类七大类及其亚类（见表A.1）。

表 A.1　缅甸琥珀分类标样成品索引图目

序号	大类/亚类	颜色及内部结构构造特征
1	棕珀系	自然色、透光色呈棕黄、棕褐、棕红、红、红褐、褐、黑褐色
	1.1棕红珀	自然色、透光色呈棕黄、棕褐、棕红、褐、黑褐色
	1.2紫罗兰珀	自然色、透光色呈棕黄、棕褐、棕红、褐、黑褐色，自然光下表面呈现出浅紫、葡萄紫、蓝紫色调，随光线背景、强弱、角度不同而变化
	1.3酱油珀	自然色呈暗赭石色，光泽暗淡，透光色呈棕黄、棕褐、褐、黑褐色
	1.4棕绿珀	自然色呈灰绿色，透光色呈棕黄、棕褐、褐、黑褐色
	1.5棕血珀	自然色呈棕红、红褐、紫褐色，透光色呈红、暗红、红褐色
	1.6金棕珀	自然色、透光色呈金黄、棕黄、金绿、桔黄色

续表

序号	大类/亚类	颜色及内部结构构造特征
2	金珀系	自然色、透光色呈金黄、桔黄色、金绿色
	2.1金黄珀	自然色、透光色呈金黄、桔黄色
	2.2金蓝珀	自然色、透光色呈金黄色
	2.3白蓝珀	自然色、透光色呈浅黄色，颜色发白
3	血珀系	自然色、透光色呈桔红、鲜红、深红、暗红色
	3.1金红珀	自然色、透光色可见深红、鲜红、桔红、桔黄、金黄色
	3.2浅红血珀	自然色、透光色呈鲜红、桔红色
	3.3深红血珀	自然色、透光色呈深红、暗红色
	3.4黑皮血珀	自然色呈黑、黑褐、红黑，自然光下表面呈现出灰绿、暗绿、黑绿，透光色呈深红、暗红色
	3.5翳珀	自然色呈黑色或者接近黑色、透光色呈深红、暗红色
4	茶珀系	自然色、透光色呈褐红、褐绿、褐黄、褐紫色
	4.1红茶珀	自然色、透光色呈褐红、浅褐红、浅褐绿色
	4.2黄茶珀	自然色、透光色呈杏黄、橙黄、棕黄色
	4.3紫茶珀	自然色、透光色呈紫、紫红、紫灰、紫蓝色
	4.4绿茶珀	自然色、透光色呈草绿色
	4.5血茶珀	自然色、透光色呈橙红、橙黄、紫红色
	4.6变色龙	自然色、透光色随光线角度、强度、背景颜色的不同而变化
	4.7柳青珀	透光色呈金绿色

序号	大类/亚类	颜色及内部结构构造特征
5	根珀系	自然色呈深棕、浅黄、白、黑褐、黑、咖啡、灰、灰绿等两种或多种颜色 交织，偶见单一颜色
	5.1普通根珀	自然色呈深棕、浅黄、黑褐、黑、咖啡、灰、灰绿等两种或多种颜色交织，偶见单一颜色
	5.2黑根珀	自然色呈深棕、黑褐、黑、咖啡等两种或多种颜色交织
	5.3白根珀	自然色呈深棕、浅黄、白、灰、灰绿等两种或多种颜色交织，偶见单一颜 色
6	蜜蜡系	自然色呈浅黄、深黄、浅褐、白、灰、灰绿、灰蓝，多为两种或者多种颜 色交织在一起，少见单一颜色
	6.1蜜蜡	自然色呈浅黄、深黄、浅褐、白、灰、灰绿、灰蓝，多为两种或者多种颜 色交织在一起，少见单一颜色
	6.2金绞蜜	蜜蜡与其他琥珀均匀交织的结构
	6.3溶洞珀	蜜蜡与透明琥珀、根珀两者或者三者交织在一起的结构
7	物相珀系	含有昆虫、动植物遗体及其碎片、水胆等特殊包裹体或结构的琥珀。
	7.1植物珀	包含有树皮、树枝、花瓣、菌类及其他植物及碎片的琥珀（不包括已经炭化的杂质）
	7.2虫珀	包含有完整动物、动物肢体及碎片、爪甲、骨骼、羽毛的琥珀
	7.3水胆珀	包含有气液包体，晃动时气泡位置发生变化的琥珀

缅甸琥珀分类图鉴

七大类

棕珀系 ‖ 金珀系 ‖ 血珀系 ‖ 茶珀系 ‖ 根珀系 ‖ 蜜蜡系 ‖ 物相珀系

① 棕珀系

透光色呈棕黄、棕褐、棕红、红、红褐、褐、黑褐色

1.1 棕红珀

1.2 紫罗兰珀

1.3 酱油珀

1.4 棕绿珀

1.5 棕血珀

1.6 金棕珀

视频二维码

1.1 棕红珀

自然色、透光色呈棕黄、棕褐、棕红、褐、黑褐色。以下图片为该类别代表性样品。

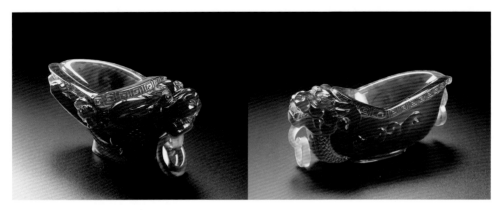

▲ 图1.1.1，棕红珀摆件
左图：黑色背景，顶光照射，色温5000～5500K
右图：黑色背景，顶光照射，色温5000～5500K

▲ 图1.1.2，棕红珀鼻烟壶
左图：黑色背景，顶光照射，色温5000～5500K
右图：黑色背景，背透光照射，色温5000～5500K

▲ 图1.1.3，棕红珀挂件
左　　图：黑色背景，顶光照射，色温5000～5500K
右上图：白色背景，顶光照射，色温5000～5500K
右下图：黑色背景，顶光照射，色温5000～5500K

▲ 图1.1.4，棕红珀手玩件
左　　图：黑色背景，顶光照射，色温5000～5500K
右上图：白色背景，透光照射，色温5000～5500K
右下图：白色背景，顶光照射，色温5000～5500K

▲ 图1.1.5，棕红珀珠串
上图：白色背景，透光照射，色温5000～5500K
下图：白色背景，顶光照射，色温5000～5500K

▲ 图1.1.6，棕红珀手玩件
左　　图：白色背景，顶光照射，色温5000～5500K
右上图：黑色背景，顶光照射，色温5000～5500K
右下图：白色背景，顶光照射，色温5000～5500K

1.2 紫罗兰珀

　　自然色、透光色呈棕黄、棕褐、棕红、褐、黑褐色，自然光下表面呈现出浅紫、葡萄紫、蓝紫色调，随光线背景、强弱、角度不同而变化。以下图片为该类别代表性样品。

◀ 图1.2.1，紫罗兰珀挂件
上　图：自然光照射，色温6000K
下图左：白色背景，顶光照射，色温5000～5500K
下图右：黑色背景，顶光和透射光照射，色温5000～5500K

▲ 图1.2.2，紫罗兰珀手玩件

上图左：白色背景，顶光和透射光照射，色温5000～5500K

上图右：黑色背景，顶光和透射光照射，色温5000～5500K

下图左：黑色背景，顶光照射，色温5000～5500K

下图右：黑色背景，顶光及紫光灯照射

▲ 图1.2.3，紫罗兰珀手玩件

上图：黑色背景，顶光照射，色温5000～5500K

中图：黑色背景，透射光照射，色温5000～5500K

下图：自然光照射，色温5500～6000K

1.3 酱油珀

　　自然色呈暗赭石色，光泽暗淡，透光色呈棕黄、棕褐、褐、黑褐色。以下图片为该类别代表性样品。

▲ 图1.3.1，酱油珀挂件
左图：白色背景，顶光照射，色温5000～5500K
中图：黑色背景，顶光和透射光照射，色温5000～5500K
右图：白色背景，顶光和透射光照射，色温5000～5500K

▲ 图1.3.2，酱油珀圆环
黑色背景，顶光照射，色温5000～5500K

▼ 图1.3.3，酱油珀珠串
上　图：黑色背景，顶光照射，色温5000～5500K
左下图：黑色背景，顶光照射，色温5000～5500K
右下图：自然光照射，色温5500～6000K

1.4 棕绿珀

　　自然色呈灰绿色，透光色呈棕黄、棕褐、褐、黑褐色。以下图片为该类别代表性样品。

▲ 图1.4.1，棕绿珀挂件
左　　图：白色背景，透射光照射，色温5000～5500K
右上图：自然光照射，色温5500～6000K
右下图：自然光照射，色温5500～6000K

▲ 图1.4.2，棕绿珀挂件
左图：黑色背景，顶光照射，色温5000～6000K
右图：自然光照射，色温5500～6000K

▲ 图1.4.3，棕绿珀挂件
左图：白色背景，顶光照射，色温5000～5500K
中图：黑色背景，顶光照射，色温5000～5500K
右图：自然光照射，色温5500～6000K

1.5 棕血珀

自然色呈棕红、红褐、紫褐色，透光色呈红、暗红、红褐色。以下图片为该类别代表性样品。

◀ 图1.5.1，棕血珀挂件
白色背景，顶光照射，色温5000～5500K

▲ 图1.5.2，棕血珀挂件
白色背景，透射光照射，色温5000~5500K

▲ 图1.5.3，棕血珀挂件
黑色背景，透射光照射，色温5000~5500K

1.6 金棕珀

　　自然色、透光色呈金黄、棕黄、金绿、桔黄色。
以下图片为该类别代表性样品。

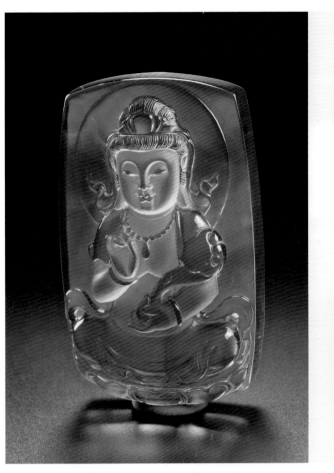

▲ 图1.6.1，金棕珀挂件
左　图：黑色背景，透射光照射，色温5000～5500K
右上图：白色背景，透射光照射，色温5000～5500K
右下图：白色背景，顶光照射，色温5000～5500K

▶ 图1.6.2，金棕珀印章
白色背景，顶光照射，色温
5000～5500K

▶ 图1.6.3，金棕珀挂件
左　图：黑色背景，顶光照
射，色温5000～5500K
右上图：白色背景，顶光照
射，色温5000～5500K
右下图：黑色背景，透射光
照射，色温5000～5500K

② 金珀系

自然色、透光色呈金黄、桔黄、金绿色

2.1 金黄珀

2.2 金蓝珀

2.3 白蓝珀

视频二维码

2.1 金黄珀

自然色、透光色呈金黄、桔黄色。以下图片为该类别代表性样品。

▲ 图2.1.1，金黄珀摆件
左上图：白色背景，顶光照射，色温5000～5500K
右上图：白色背景，透射光照射，色温5000～5500K
左下图：黑色背景，顶光照射，色温5000～5500K
右下图：黑色背景，透射光照射，色温5000～5500K

▲ 图2.1.2，金黄珀挂件

左上图：白色背景，顶光照射，色温5000～5500K

右上图：黑色背景，顶光照射，色温5000～5500K

左下图：白色背景，透射光照射，色温5000～5500K

右下图：黑色背景，透射光照射，色温5000～5500K

2.2 金蓝珀

自然色、透光色呈金黄色。以下图片为该类别代表性样品。

▶ 图2.2.1，金蓝珀挂件

左上图：白色背景，顶光照射，色温5000~5500K

右上图：黑色背景，顶光照射，色温5000~5500K

左下图：白色背景，透射光照射，色温5000~5500K

右下图：黑色背景，透射光照射，色温5000~5500K

▲ 图2.2.2，金蓝珀手镯、镯芯套件

左图：白色背景，顶光照射，色温5000~5500K

中图：白色背景，透射光照射，色温5000~5500K

右图：黑色背景，透射光照射，色温5000~5500K

▲ 图2.2.3，金蓝珀挂件
上图：白色背景，顶光照射，色温
5000～5500K
下图：白色背景，透射光照射，色温
5000～5500K

▲ 图2.2.4，金蓝珀挂件
上图：白色背景，顶光照射，色温
5000～5500K
下图：白色背景，透射光照射，色温
5000～5500K

▶ 图2.2.5，金蓝珀珠串
左　图：黑色背景，顶光
照射，色温5000～5500K
右上图：白色背景，顶光
照射，色温5000～5500K
右下图：黑色背景，透射
光照射，色温5000～5500K

2.3　白蓝珀

　　自然色、透光色呈浅黄色，颜色发白。

以下图片为该类别代表性样品。

▶ 图2.3.1，白蓝珀圆珠
上图：白色背景，顶光、透射光
照射，色温5000～5500K
左下图：黑色背景，透射光照
射，色温5000～5500K
右下图：黑色背景，顶光照射，
色温5000～5500K

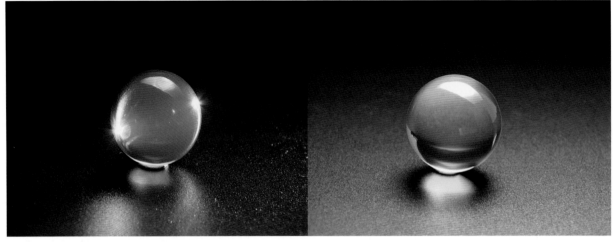

▲ 图2.3.2，白蓝珀珠链
左图：白色背景，顶光照射，色温5000～5500K
右图：黑色背景，顶光照射，色温5000～5500K

▲ 图2.3.3，白蓝珀珠链
左图：白色背景，顶光照射，色温5000～5500K
右图：黑色背景，顶光、透射光照射，色温5000～5500K

③ 血珀系

自然色、透光色呈桔红、鲜红、深红、暗红色。

3.1 金红珀

3.2 浅红血珀

3.3 深红血珀

3.4 黑皮血珀

3.5 翳珀

视频二维码

3.1 金红珀

自然色、透光色可见深红、鲜红、桔红、桔黄、金黄色。以下图片为该类别代表性样品。

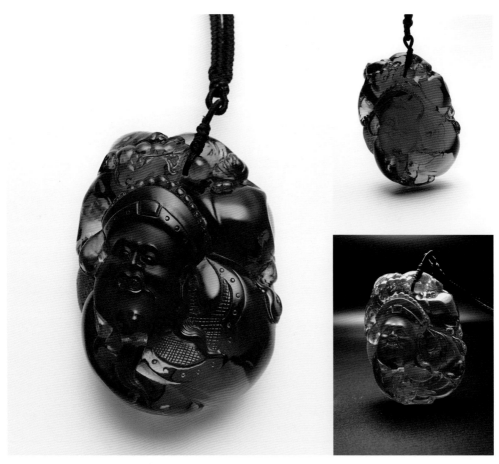

▲ 图3.1.1，金红珀手玩件

左　图：白色背景，顶光照射，色温5000～5500K

右上图：白色背景，透射光照射，色温5000～5500K

右下图：黑色背景，透射光照射，色温5000～5500K

▲ 图3.1.2，金红珀挂件

左图：白色背景，顶光照射，色温5000～5500K；中图：白色背景，透射光照射，色温5000～5500K；右图：黑色背景，顶光照射，色温5000～5500K

▲ 图3.1.3，金红珀挂件

左图：白色背景，顶光照射，色温5000～5500K；中图：白色背景，透射光照射，色温5000～5500K；右图：黑色背景，顶光照射，色温5000～5500K

▲ 图3.1.4，金红珀挂件

左图：白色背景，顶光照射，色温5000～5500K；中图：白色背景，透射光照射，色温5000～5500K；右图：黑色背景，顶光照射，色温5000～5500K

3.2 浅红血珀

　　自然色、透光色呈鲜红、桔红色。以下图片为该类别代表
性样品。

　　◀ 图3.2.1，浅红血珀挂件
上　　图：白色背景，顶光照射，色温5000～5500K
左下图：白色背景，透射光照射，色温5000～5500K
右下图：黑色背景，透射光照射，色温5000～5500K

▲ 图3.2.2，浅红血珀挂件
左上图：白色背景，透射光照射，色温5000～5500K
左下图：黑色背景，透射光照射，色温5000～5500K
右　图：黑色背景，顶光照射，色温5000～5500K

3.3 深红血珀

自然色、透光色呈深红、暗红色。以下图片为该类别代表性样品。

▶ 图3.3.1，深红血珀随形手串

上　图：黑色背景，透射光照射，色温5000～5500K

左下图：白色背景，顶光照射，色温5000～5500K

右下图：黑色背景，顶光照射，色温5000～5500K

▶ 图3.3.2，深红血珀挂件

左　图：白色背景，顶光照射，色温5000～5500K

右上图：白色背景，透射光照射，色温5000～5500K

右下图：黑色背景，透射光照射，色温5000～5500K

▲ 图3.3.3，深红血珀挂件
左　图：黑色背景，透射光照射，色温5000～5500K
右上图：白色背景，透射光照射，色温5000～5500K
右下图：白色背景，顶光照射，色温5000～5500K

▲ 图3.3.4，深红血珀挂件
左　图：黑色背景，透射光照射，色温5000～5500K
右上图：白色背景，顶光照射，色温5000～5500K
右下图：黑色背景，顶光照射，色温5000～5500K

▶ 图3.3.5，深红血珀挂件
左图：白色背景，顶光照
射，色温5000～5500K
中图：白色背景，透射光
照射，色温5000～5500K
右图：黑色背景，透射光
照射，色温5000～5500K

3.4 黑皮血珀

　　自然色呈黑、黑褐、红黑，自然光下表面呈现出灰绿、暗绿、黑绿，透光色
呈深红、暗红色。以下图片为该类别代表性样品。

◀ 图3.4.1，黑皮血珀手玩件
左上图：白色背景，顶光照射，色温5000～5500K
右上图：黑色背景，顶光照射，色温5000～5500K
下　图：黑色背景，透射光照射，色温5000～5500K

▶ 图3.4.2，黑皮血珀戒面
上图：白色背景，顶光照射，
色温5000～5500K
中图：白色背景，透射光照
射，色温5000～5500K
下图：黑色背景，透射光照
射，色温5000～5500K

3.5 翳珀

自然色呈黑色或者接近黑色，透光色呈深红、暗红色。以下图片为该类别代表性样品。

▲ 图3.5.1，翳珀戒面
左图：白色背景，透射光照射，色温5000～5500K
中图：黑色背景，透射光照射，色温5000～5500K
右图：白色背景，顶光照射，色温5000～5500K

▲ 图3.5.2，翳珀挂件
左图：黑色背景，顶光照射，色温5000～5500K
右图：白色背景，顶光照射，色温5000～5500K

④

茶珀系

自然色、透光色呈褐红、褐绿、褐黄、褐紫色。

4.1 红茶珀

4.2 黄茶珀

4.3 紫茶珀

4.4 绿茶珀

4.5 血茶珀

4.6 变色龙

4.7 柳青珀

视频二维码

4.1 红茶珀

自然色、透光色呈褐红、浅褐红、浅褐绿色。以下图片为该类别代表性样品。

▲ 图4.1.1，红茶珀挂件
左　图：白色背景，顶光照射，色温5000～5500K
右上图：白色背景，透射光照射，色温5000～5500K
右下图：黑色背景，透射光照射，色温5000～5500K

▲ 图4.1.2，红茶珀挂件
左　图：白色背景，顶光照射，色温5000～5500K
右上图：白色背景，透射光照射，色温5000～5500K
右下图：黑色背景，透射光照射，色温5000～5500K

▲ 图4.1.3，红茶珀挂件
左　图：白色背景，顶光照射，色温5000～5500K
右上图：白色背景，透射光照射，色温5000～5500K
右下图：黑色背景，透射光照射，色温5000～5500K

▶ 图4.1.4，红茶珀挂件
左图：白色背景，顶光照
射，色温5000～5500K
中图：白色背景，透射光照
射，色温5000～5500K
右图：黑色背景，透射光照
射，色温5000～5500K

▶ 图4.1.5，红茶珀挂件
左图：白色背景，顶光照
射，色温5000～5500K
中图：白色背景，透射光照
射，色温5000～5500K
右图：黑色背景，透射光照
射，色温5000～5500K

▶ 图4.1.6，红茶珀挂件
左图：白色背景，顶光照
射，色温5000～5500K
中图：白色背景，透射光照
射，色温5000～5500K
右图：黑色背景，透射光照
射，色温5000～5500K

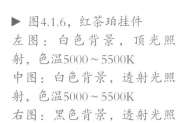

4.2 黄茶珀

自然色、透光色呈杏黄、橙黄、棕黄色。以下图片为该类别代表性样品。

◀ 图4.2.1，黄茶珀圆珠
左图：白色背景，顶光照射，色温
5000～5500K
右图：黑色背景，顶光、透射光照
射，色温5000～5500K

◀ 图4.2.2，黄茶珀戒面
左图：白色背景，透射光照射，色
温5000～5500K
右上图：黑色背景，顶光、透射光
照射，色温5000～5500K
右下图：白色背景，顶光、透射光
照射，色温5000～5500K

▲ 图4.2.3，黄茶珀挂件
左　　图：白色背景，顶光照射，色温5000～5500K
右上图：白色背景，透射光照射，色温5000～5500K
右下图：黑色背景，透射光照射，色温5000～5500K

▲ 图4.2.4，黄茶珀挂件
左　　图：白色背景，顶光照射，色温5000～5500K
右上图：白色背景，透射光照射，色温5000～5500K
右下图：黑色背景，透射光照射，色温5000～5500K

▲ 图4.2.5，黄茶珀挂件
左　　图：白色背景，顶光照射，色温5000～5500K
右上图：白色背景，透射光照射，色温5000～5500K
右下图：黑色背景，透射光照射，色温5000～5500K

▲ 图4.2.6，黄茶珀手镯、镯芯套件
上　　图：黑色背景，透射光照射，色温5000～5500K
左下图：白色背景，顶光照射，色温5000～5500K
右下图：黑色背景，顶光照射，色温5000～5500K

4.3 紫茶珀

自然色、透光色呈紫、紫红、紫灰、紫蓝色。以下图片为该类别代表性样品。

▲ 图4.3.1，紫茶珀原石
左上图：白色背景，顶光照射，色温5000～5500K
右上图：黑色背景，透射光照射，色温5000～5500K
左下、右下图：自然光照射，色温5500～6000K

▲ 图4.3.2，紫茶珀挂件

左图：白色背景，透射光照射，色温5000～5500K

中图：白色背景，透射光照射，色温5000～5500K

右图：黑色背景，透射光照射，色温5000～5500K

4.4 绿茶珀

自然色、透光色呈草绿色。以下图片为该类别代表性样品。

▲ 图4.4.1，绿茶珀挂件
左上图：白色背景，透射光照射，色温5000～5500K
右上图：黑色背景，透射光照射，色温5000～5500K
下　图：黑色背景，顶光照射，色温5000～5500K

▲ 图4.4.2，绿茶珀圆珠
上图：白色背景，顶光照射，色温5000～5500K
下图：黑色背景，透射光照射，色温5000～5500K

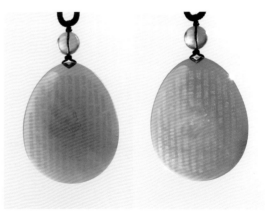

▶ 图4.4.3，绿茶珀挂件
白色背景，顶光和透射光照射，色温5000～5500K

▶ 图4.4.4，绿茶珀挂件
左图：白色背景，顶光照射，色温5000～5500K
中图：白色背景，透射光照射，色温5000～5500K
右图：黑色背景，透射光照射，色温5000～5500K

▶ 图4.4.5，绿茶珀珠串
左图：白色背景，顶光、透射光照射，色温5000～5500K
右图：黑色背景，顶光、透射光照射，色温5000～5500K

4.5 血茶珀

自然色、透光色呈橙红、橙黄、紫红色。以下图片为该类别代表性样品。

▲ 图4.5.1，血茶珀挂件
左图：白色背景，顶光照射，色温5000～5500K
中图：白色背景，透射光照射，色温5000～5500K
右图：黑色背景，透射光照射，色温5000～5500K

▲ 图4.5.2，血茶珀挂件
左图：白色背景，顶光照射，色温5000～5500K
中图：白色背景，透射光照射，色温5000～5500K
右图：黑色背景，透射光照射，色温5000～5500K

▲ 图4.5.3，血茶珀挂件
左图：白色背景，顶光照射，色温5000～5500K
中图：白色背景，透射光照射，色温5000～5500K
右图：黑色背景，透射光照射，色温5000～5500K

▲ 图4.5.4，血茶珀挂件
左图：白色背景，顶光照射，色温5000～5500K
中图：白色背景，透射光照射，色温5000～5500K
右图：黑色背景，透射光照射，色温5000～5500K

4.6 变色龙

　　自然色、透光色随光线角度、强度、背景颜色的不同而变化。以下图片为该类别代表性样品。

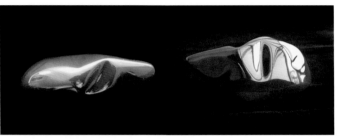

▲ 图4.6.1，变色龙原料
左图：白色背景，顶光照射，色温5000~5500K
中图、右图：黑色背景，顶光照射，色温5000~5500K

▲ 图4.6.2，变色龙挂件
左图：白色背景，顶光照射，色温5000~5500K
中图：黑色背景，透射光照射，色温5000~5500K
右图：自然光照射，色温5500~6000K

▶ 图4.6.3，变色龙挂件
左图：白色背景，顶光照
射，色温5000～5500K
中图：黑色背景，透射光
照射，色温5000～5500K
右图：自然光照射，色温
5500～6000K

▶ 图4.6.4，变色龙挂件
左图：白色背景，顶光照
射，色温5000～5500K
中图：黑色背景，透射光
照射，色温5000～5500K
右图：自然光照射，色温
5500～6000K

▶ 图4.6.5，变色龙
珠串
自然光照射，色温
5500～6000K

4.7 柳青珀

透光色呈金绿色。以下图片为该类别代表性样品。

▲ 图4.7.1，柳青珀挂件
左上图：白色背景，透射光照射，色温5000～5500K
左下图：黑色背景，透射光照射，色温5000～5500K
右　图：黑色背景，顶光照射，色温5000～5500K

▲ 图4.7.2，柳青珀挂件
左上图：白色背景，顶光照射，色温5000～5500K
右上图：黑色背景，顶光照射，色温5000～5500K
下　图：白色背景，透射光照射，色温5000～5500K

⑤ 根珀类

自然色呈深棕、浅黄、白、黑褐、黑、咖啡、灰、灰绿等两种或多种颜色交织，偶见单一颜色

5.1 普通根珀

5.2 黑根珀

5.3 白根珀

视频二维码

5.1 普通根珀

　　自然色呈深棕、浅黄、黑褐、黑、咖啡、灰、灰绿等两种或多种颜色交织，偶见单一颜色。以下图片为该类别代表性样品。

▲ 图5.1.2，普通根珀挂件
左上图、右上图：白色背景，顶光照射，色温5000～5500K
下图：黑色背景，顶光照射，色温5000～5500K

▶ 图5.1.2，普通根珀珠串
上图：白色背景，顶光照射，
色温5000～5500K
下图：黑色背景，顶光照射，
色温5000～5500K

5.2 黑根珀

　　自然色呈深棕、黑褐、黑、咖啡等两种或多种颜色交织。以下图片为该类别代表性样品。

◀ 图5.2.1，黑根珀挂件
上图：白色背景，透射光照射，色温5000～5500K
下图：白色背景，顶光照射，色温5000～5500K

▲ 图5.2.2，黑根珀珠串
左图：白色背景，顶光照射，色温5000～5500K
右图：黑色背景，顶光照射，色温5000～5500K

▲ 图5.2.3，黑根珀珠串、挂件套件
左图、右下图：黑色背景，顶光照射，色温5000～5500K
右上图：白色背景，顶光照射，色温5000～5500K

5.3 白根珀

　　自然色呈深棕、浅黄、白、灰、灰绿等两种或多种颜色交织，偶见单一颜色。
以下图片为该类别代表性样品。

◀ 图5.3.1，白根珀手玩件
左图：白色背景，顶光照射，
色温5000～5500K
右图：黑色背景，顶光照射，
色温5000～5500K

▲ 图5.3.2，白根珀圆珠挂件
左图：白色背景，顶光照射，色温5000～5500K
右图：黑色背景，侧光照射，色温5000～5500K

▲ 图5.3.3，白根珀挂件
左图：白色背景，顶光照射，色温5000～5500K
右图：黑色背景，侧光照射，色温5000～5500K

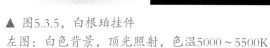

▲ 图5.3.4，白根珀挂件
左图：白色背景，顶光照射，色温5000～5500K
右图：黑色背景，侧光照射，色温5000～5500K

▲ 图5.3.5，白根珀挂件
左图：白色背景，顶光照射，色温5000～5500K
右图：黑色背景，侧光照射，色温5000～5500K

⑥

密蜡类

自然色呈浅黄、深黄、浅褐、白、灰、灰绿、灰蓝，多为两种或者多种颜色交织在一起，少见单一颜色

6.1 蜜蜡

6.2 金绞蜜

6.3 溶洞珀

视频二维码

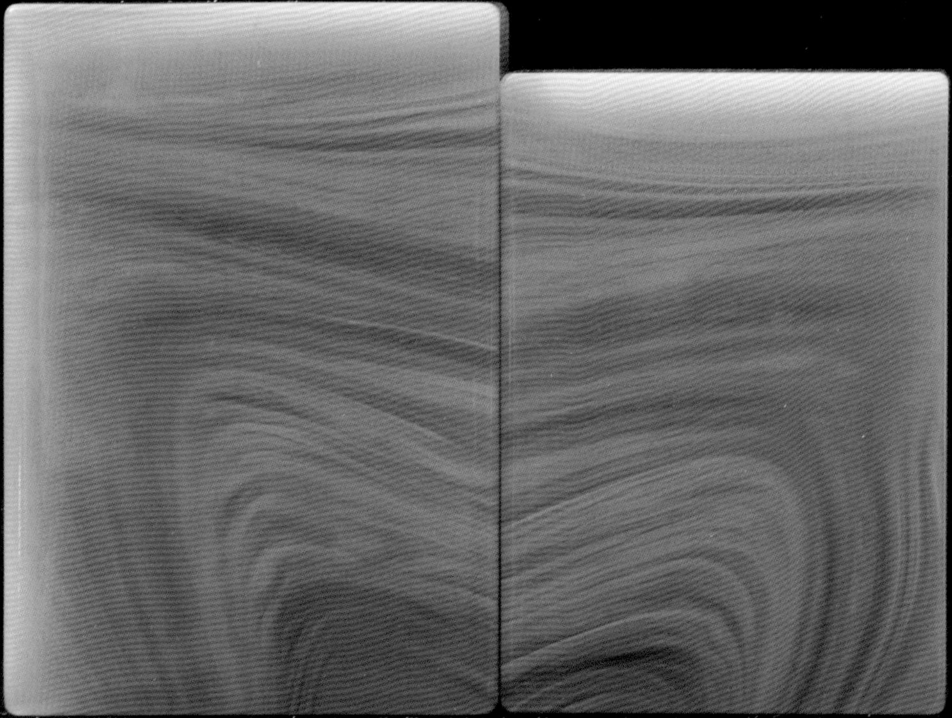

6.1 蜜蜡

　　自然色呈浅黄、深黄、浅褐、白、灰、灰绿、灰蓝,多为两种或者多种颜色交织在一起,少见单一颜色。以下图片为该类别代表性样品。

▲ 图6.1.1,蜜蜡手镯、镯芯套件
左上、右上图:白色背景,顶光照射,色温
5000～5500K
下图:黑色背景,顶光、侧射光照射,色温
5000～5500K

▲ 图6.1.2,蜜蜡珠串
上图:白色背景,顶光照射,色温
5000～5500K
下图:黑色背景,顶光、侧射光照射,色温
5000～5500K

▲ 图6.1.3，蜜蜡挂件
黑色背景，顶光照射，色温
5000～5500K

▲ 图6.1.4，蜜蜡手玩件
黑色背景，顶光照射，色温
5000～5500K

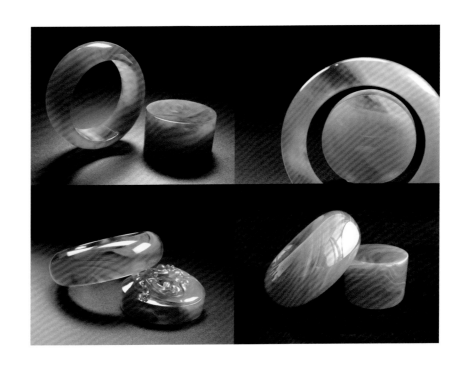

▶ 图6.1.5，蜜蜡手镯、镯
芯套件
黑色背景，顶光、侧射光
照射，色温5000～5500K

6.2 金绞蜜

蜜蜡与其他琥珀均匀交织的结构。以下图片为该类别代表性样品。

▲ 图6.2.1，金绞蜜戒面
白色背景，顶光照射，色温
5000～5500K

▶ 图6.2.2，金绞蜜手镯、镯芯套件
黑色背景，侧光、顶光照射，色温
5000～5500K

▲ 图6.2.3，金绞蜜挂件
左　图：黑色背景，透射光照射，色温5000～5500K
右上图：黑色背景，侧光照射，色温5000～5500K
右下图：白色背景，顶光照射，色温5000～5500K

6.3 溶洞珀

　　蜜蜡与透明琥珀、根珀两者或者三者交织在一起的结构。以下图片为该类别代表性样品。

◀ 图6.3.1，溶洞珀手玩件
左图：黑色背景，顶光照射，色温5000～5500K
右图：黑色背景，透射光照射，色温5000～5500K

◀ 图6.3.2，溶洞珀挂件
左图：白色背景，侧光照射，色温5000～5500K
右图：黑色背景，透射光照射，色温5000～5500K

◀ 图6.3.3，溶洞珀挂件
左图：白色背景，顶光照射，色温5000～5500K
右图：黑色背景，透射光照射，色温5000～5500K

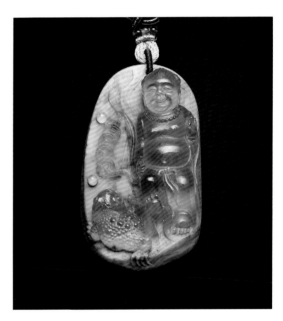

▲ 图6.3.4，溶洞珀挂件
左图：白色背景，透射光照射，色温5000～5500K
右图：黑色背景，透射光照射，色温5000～5500K

▲ 图6.3.5，溶洞珀挂件
黑色背景，顶光照射，色温5000～5500K

▶ 图6.3.6，溶洞珀戒面
左图：白色背景，透射光照
射，色温5000～5500K
中图：白色背景，顶光照射，
色温5000～5500K
右图：黑色背景，顶光、透射
光照射，色温5000～5500K

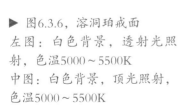

⑦

物相珀类

含有昆虫、动植物遗体及其碎片、水胆等特殊包裹体或结构的琥珀。

7.1 植物珀

7.2 虫珀

7.3 水胆珀

视频二维码

7.1 植物珀

　　包含有树皮、树枝、花瓣、菌类及其他植物及碎片的琥珀（不包括已经炭化的杂质）。以下图片为该类别代表性样品。

▲ 图7.1.1，植物珀戒面
黑色背景，透射光照射，色温
5000～5500K

▲ 图7.1.2，植物珀戒面
白色背景，顶光照射，色温
5000～5500K

▲ 图7.1.3，植物珀挂件
黑色背景，顶光、透射光照射，色温
5000～5500K

▲ 图7.1.4，植物珀挂件
白色背景，侧光、顶光照射，色温
5000～5500K

▲ 图7.1.5，植物珀挂件
黑色背景，透射光照射，色温
5000～5500K

▲ 图7.1.6，植物珀挂件
黑色背景，透射光照射，色温
5000～5500K

▲ 图7.1.7，植物珀挂件
黑色背景，透射光照射，色温
5000～5500K

▲ 图7.1.8，植物珀挂件
自然光照射，色温5500～6000K

7.2 虫珀

　　包含有完整动物、动物肢体及碎片、爪甲、骨骼、羽毛的琥珀。以下图片为该类别代表性样品。

▲ 图7.2.1，虫珀挂件
黑色背景，透射光照射，色温
5000～5500K

▲ 图7.2.2，虫珀挂件
黑色背景，透射光照射，色温
5000～5500K

▲ 图7.2.3，虫珀挂件
黑色背景，透射光照射，色温5000～5500K

▲ 图7.2.4，虫珀戒面
黑色背景，透射光照射，色温
5000～5500K

▲ 图7.2.5，虫珀戒指
白色背景，顶光照射，色温5000～5500K

▲ 图7.2.6，虫珀挂件
黑色背景，顶光、透射光照射，色温
5000～5500K

▲ 图7.2.7，虫珀挂件
黑色背景，顶光、透射光照射，色温
5000～5500K

▲ 图7.2.8，虫珀挂件
黑色背景，顶光、透射光照射，色
温5000～5500K

▲ 图7.2.9，虫珀挂件
黑色背景，顶光、透射光照射，色
温5000～5500K

7.3 水胆珀

　　琥珀内包含有气液包体，晃动时气泡位置发生变化的琥珀。以下图片为该类
别代表性样品。

▲ 图7.3.1，水胆珀挂件
左　　图：白色背景，透射光照射，色温5000～5500K
右上图：白色背景，顶光照射，色温5000～5500K
右下图：黑色背景，顶光照射，色温5000～5500K

▲ 图7.3.2，水胆珀挂件
上　　图：白色背景，顶光照射，色温5000～5500K
左下图：白色背景，透射光照射，色温5000～5500K
右下图：黑色背景，透射光照射，色温5000～5500K

▼ 图7.3.3，水胆珀挂件
自然光照射，色温5500～6000K

缅甸琥珀精品鉴赏

类别：白根珀、溶洞珀

规格：110mm×140mm×60mm

重量：492g

作品名为《守望》寓意守护希望，如此才能创造更为灿烂的未来。

琥珀天然的构造与浓淡不均的色彩，经作者妙手幻化为两颗拟人化的树。历经沧桑的老者，树根深扎、背脊弯曲、满脸沟壑纵横；少女面容姣好，身形窈窕。老者俯身与倚望自己的少女低语，伸出的手臂为她遮风挡雨，如此日复一日，少女在老者的守望中悄然长大，亭亭玉立。

类别：白根珀、溶洞珀、棕珀

规格：大：240mm×199mm×73mm；小：76mm×81mm×67mm

重量：1638g

　　作品根据原料质地与色泽的变化布局，将白根珀妙化为沧桑山石，棕珀则雕刻为佛祖讲法的场景。作品在设计上借鉴敦煌莫高窟的艺术风格，背靠崇山陡壁，石窟为佛阁，人物的空间设置恰好贴合三界的含义，既营造出万佛朝宗时大而肃穆的场景，又表现出佛法广博无边的意境。作品构图讲究，立意深远，令原料天然之趣与人工雕琢完美结合。

童子拜弥勒

类别：金珀

规格：105mm×60mm×32mm

重量：91.2g

作品采用描边圆雕技法，勾勒出形象生动的童子拜弥勒吉祥景象，弥勒佛有着慈悲宽容，乐观豁达的美好寓意。

王者归来

类别：蜜蜡

规格：48mm×49mm×48mm

重量：143.1g

作品上半部分雕刻的是我国神话传说中的一只瑞兽，下半部分为印玺。瑞兽寓意祥瑞美好，印玺是尊贵身份的彰显。

羊角杯

类别：棕珀

尺寸：150mm × 50mm × 90mm

重量：54.1g

　　作品整体造型古朴精巧，比例协调，工艺凝练。寓意吉利祥瑞，福泽绵绵。

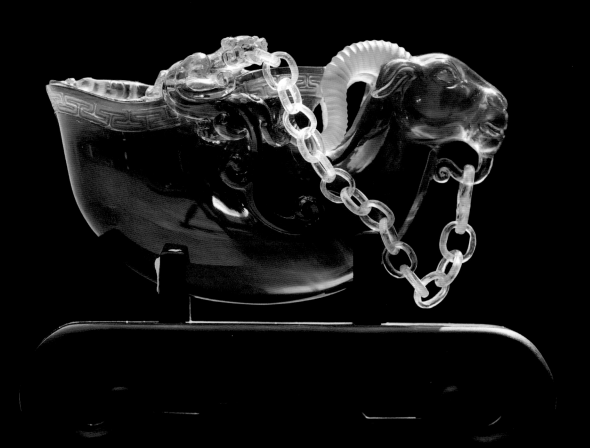

酒樽

类别：金棕珀

尺寸：255mm×48mm×69mm

重量：不详

　　尊，今作樽，是中国古代的一种大中型盛酒器。作品兽衔有环，尾有活环链接一枚印玺。造型古朴大气，雕工精美。

观音菩萨像

类别：血茶珀

尺寸：78.7mm×45mm×25mm

重量：39.6g

　　观音菩萨是佛教四大菩萨之一，相貌端庄慈祥，具有无量的智慧和神通。

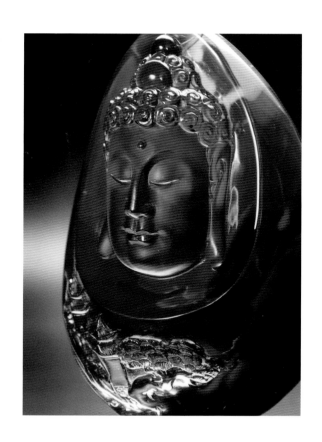

如来佛祖像

类别：血茶珀

尺寸：69mm×50mm×33mm

重量：49.7g

　　"如来"即是佛，象征慈悲宽容，增长智慧，消除烦恼，驱邪避凶，吉祥如意。

玉蟾宫桂

类别：白蓝珀

规格：82.6mm × 68.2mm × 36mm

重量：89.8g

寓意蟾宫折桂，科举及第，应考得中，前程锦绣，富贵吉祥。

螭龙樽

类别：金棕珀

尺寸：70mm×64.6mm×48mm

重量：83.0g

寓意学业有成，前途顺
畅，兴隆富贵，吉祥健康。

今非昔比

类别：溶洞珀

尺寸：70mm×52mm×34mm

重量：77.5g

　　作品采用圆雕、俏雕和创意写实雕等不同的技法，将溶洞珀雕刻成一只匍匐于瓜藤上的蜥蜴，蜥蜴生命力顽强，能随机应变，寓意今非昔比，生生不息。

双龙蛟泰玺

类别：白根珀、蜜蜡

规格：64mm×60mm×27mm

重量：156.6g

作品参照乾隆二十五枚传世宝玺印章之双龙蛟泰玉玺印章的造型雕刻而成。四周刻有"国泰民安""风调雨顺""四海升平""龙腾盛世"。

金玉满堂

类别：绿茶珀、蜜蜡

尺寸：79mm×82mm×52mm

重量：100g

作品运用圆雕、浮雕等技法，借鉴俏雕技巧，将材料中蜜蜡部分雕刻成金鱼，将共生的绿茶珀雕刻成莲花、莲蓬、莲藕及浪花。金鱼谐音"金玉"，寓意金玉满堂，连连有余，有招财进宝，人丁兴旺之意。

金珀圆环手镯、镯芯套件

类别：黄金珀

尺寸：内径56mm

重量：58.4g

　　圆环手镯也称"福镯"，寓意圆满好福气。

梅妻鹤子

类别：蜜蜡

尺寸：83mm×38mm×116mm

重量：不详

　　作品表现的是北宋著名隐逸诗人林逋，隐居西湖孤山，以梅为妻，以鹤为子。寓意生活恬然自适，性情高雅清淡。

锦鲤图

类别：蜜蜡

尺寸：166mm×166mm×14mm

重量：不详

　　六条锦鲤畅游在水中与蜜蜡的天然纹理融合，形如太极，寓意富贵祥和。

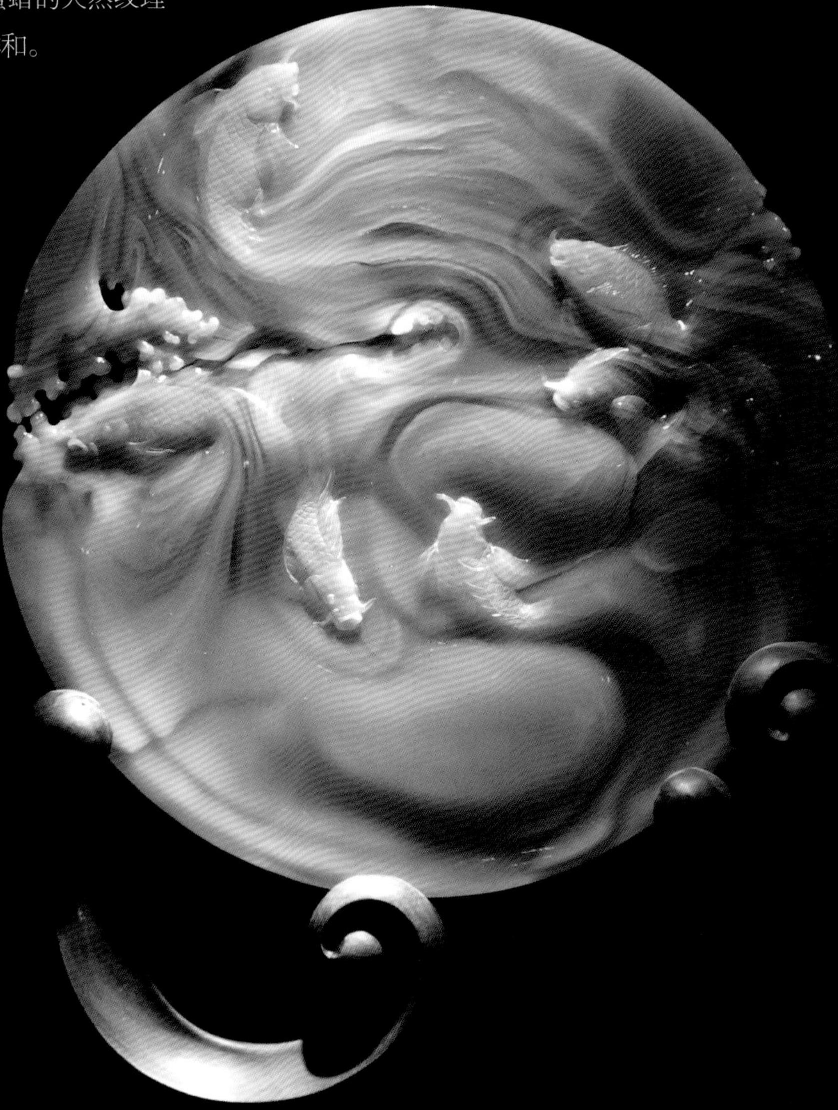

行者（希望）

类别：棕珀

尺寸：112mm×88mm×67mm

重量：不详

　　作品主体雕刻一条蜥蜴攀爬行走，力争上游。蜥蜴生命力顽强，无论环境优劣，都能生存下去。寓意生活充满希望，不断前行，亨通顺遂。

类别：棕珀

尺寸：160mm × 46mm × 48mm

重量：不详

　　作品主体雕刻成一段藕茎，象征中通外直，刚正不阿，与蝶为伴则象征破茧成蝶的升华。寓意成功后依然刚正。

义薄云天

类别：血珀

规格：96mm×127mm×194mm

重量：1178g

　　作者以简洁明快的线条琢刻出关公面部形象，关公丹凤眼、卧蚕眉、长髯浓密、双眼微闭、面部轮廓清晰、线条刚直疏朗、正气凛然、庄严肃穆。原料天然的形貌特点令作品散发出浓郁的历史沧桑感，而深邃沉郁色泽与作品大气浑厚的气韵相辅相成，令人回味无穷。

卧薪尝胆

类别：柳青珀

尺寸：76mm×76mm×16mm

重量：不详

　　作品雕刻的是越王勾践苦身焦思，悬胆于座的典故。作者巧妙运用材料的内含物作"悬胆"，独具匠心，技法纯熟。寓意发奋图强终将苦尽甘来。

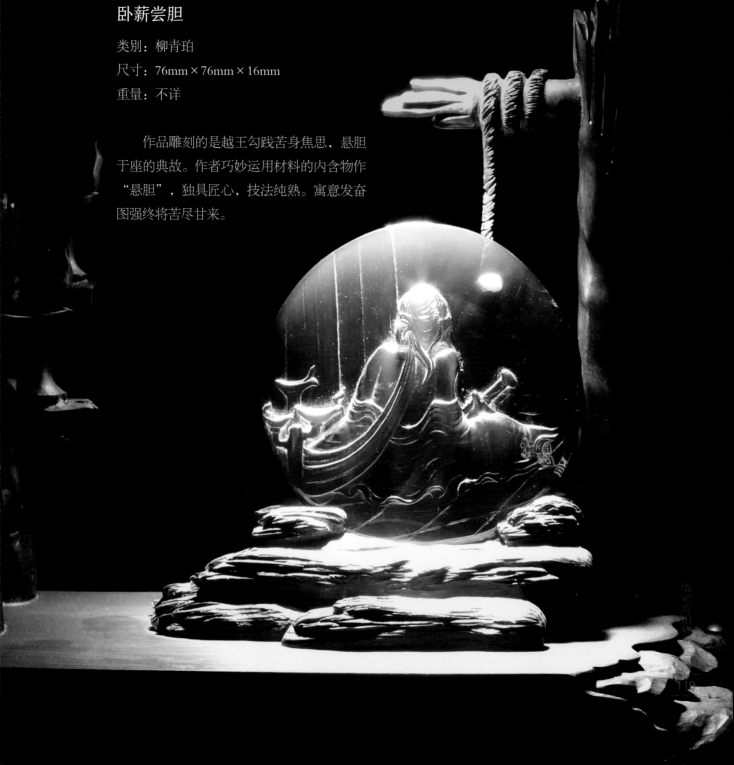

王者

类别：棕珀

尺寸：110mm × 32mm × 25mm

重量：不详

　　作品雕刻一头猛虎，栩栩如生，气势强大。虎是猛兽，其形象集尊贵、吉祥于一身。我国古代以虎符统帅三军，象征权力与尊贵。

穷奇

类别：金绞蜜

尺寸：120mm×92mm×79mm

重量：不详

    作品主体雕刻的是我国古代神话传说中的神兽穷奇，主要记载于《山海经》中，虎身带翅又名"飞熊"，穷奇食蛊而济人，是驱除蛊害的瑞兽。寓意保平安。

螭龙瓶

类别：血珀

尺寸：95mm × 45mm × 155mm

重量：285g

　　作品形制古朴端庄，质地细腻，色泽绚丽。螭龙神态威武，不仅可以避邪镇灾，还寓意步步高升、大富大贵、事业有成、美好吉祥。

大日如来像

类别：血珀

尺寸：91.5mm×64mm×42.5mm

重量：152g

作品雕刻的是大日如来像，"如来"即是"佛"的意思，"大日"则是除一切暗，遍照宇宙万物，能利养世间一切生物之意。

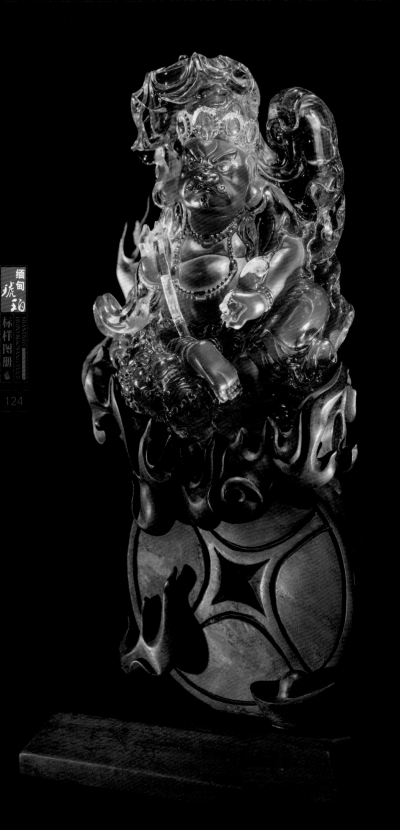

黄财神

类别：茶珀

尺寸：143mm × 105mm × 53mm

重量：317g

　　作品雕刻的是藏传佛教五色财神之一，因其身相黄色，故称黄财神。作品造型庄严，形神兼备。黄财神主司财富，能使一切众生脱于贫困，财源广进。

财神

类别：血珀

尺寸：110mm×81mm×33mm

重量：106.6g

　　作品雕刻的是我国传统神祇财神像，材料干净细腻，颜色艳丽喜庆，雕工生动形象。寓意财源广进，大富大贵。

地藏菩萨像

类别：血珀

尺寸：88mm×70mm×38mm

重量：69.1g

　　作品雕刻的是地藏菩萨像，造型庄严慈悲，雕工自然生动。

善财童子像香插

类别：血珀

尺寸：39mm × 68.5mm × 48mm

重量：62.3g

作品主体雕刻的是佛教人物善财童子像，寓意清净之德，纯洁之相。

无事牌

类别：金棕珀

尺寸：38.5mm×30mm×15.5mm

重量：19.2g

    无纹饰的方牌谐音"无事"，寓意平安无事，吉祥如意。

金蟾

类别：血茶珀

尺寸：45mm × 28mm × 25mm

重量：17.4g

作品雕刻的是我国传统瑞兽金蟾，有招财进宝，镇宅驱邪的象征，也寓意财源滚滚、前程锦绣、官运亨通。

十八子手持珠

类别：金珀、根珀

尺寸：直径10mm—15mm

重量：161.7g

　　作品主体为直径25mm左右的金珀圆珠十八粒，佛头三通及顶珠为根珀。十八颗圆珠代表了十八子，寓意多子多福亦谐音"要发"。

多宝手串

类别：溶洞珀、变色龙、白根珀、血珀、蜜蜡、白蓝
　　　珀、紫茶珀、白根珀、红茶珀、柳青珀

尺寸：直径20mm

重量：54.8g

　　该手串集中了多粒独特美观的缅甸琥珀圆珠串制而
成，寓意多福多寿，富贵吉祥。

原生皮原石

类别：金珀

规格：71mm×61mm

重量：71g

　　该原石形如白菜，未经人工雕琢，浑然天成。寓意百财招福。

缅甸
琥珀
标样图册

MIANDIAN
HUPO BIAOYANG TUCE

多宝塔珠链

类别：红茶珀、绿茶珀、紫茶珀、变色龙

规格：直径12mm—22mm

重量：110g

此串塔珠链由多种类茶珀圆珠串制而成，冷暖色调搭配均匀，色泽油润，三通为一颗白根珀。寓意多子多福。

莲心顿悟

类别：黄茶珀、红茶珀

规格：左80.6mm×55.5mm×34.2mm　右100mm×98mm×60mm

重量：左54.1g，右138.4g

　　作品通过俏雕的技法，呈现了佛与莲的形象。莲花生于淤泥，洁净的花瓣绽开于水面，代表了由烦恼至清净。